U0182164

醋外之酸

中国美食之源丛书

周莉芬/主编

中国科学技术出版社
·北京·

科 影 发 现

科影发现

中央新影集团下属优质科普读物出版品牌，致力于科学人文内容的纪录和传播。团队主创人员由资深纪录片人、出版人、文化学者、专业插画师等组成。团队与电子工业出版社、清华大学出版社、机械工业出版社、中国科学技术出版社等国内多家出版社合作，先后策划、制作、出版了《我们的身体超厉害》《不可思议的人体大探秘：手术两百年》《门捷列夫很忙：给孩子的化学启蒙》《小也无穷大》《中国手作》《文明的邂逅》等多部优质图书。

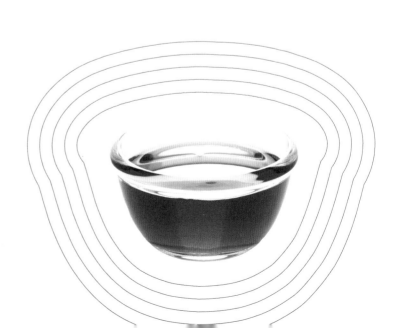

　　酸甜苦辣咸，在我国的饮食文化中，五味调和是无比重要的一个部分。

　　古往今来，五味来源于不同的食材。比如甜味来自蜂蜜或甘蔗榨取的糖，咸味来自海水和矿物中的盐，而酸甜苦辣咸之首的酸，在中餐中则多体现在醋上。

　　没错，醋是中国人对酸的认知和表达。

　　醋，作为一种神奇的调料，有着高贵的出身。

　　它曾经是酒的同宗，却在千家万户的厨房中安然居住。醋，占足了阳春白雪的高雅与下里巴人的家常。

　　它是普通人在生活中的一首歌曲，映照出了我们生活中最日常与浪漫的一丝独特。酸甜、酸辣等诸多口味，醋熘、醋浸等多种手法，让这种出身高贵的调料将食物调节得无比美味，令人食欲大开、拍手称绝。

　　从南到北，醋连接起了中国人的味蕾。

目录

千载文明
醋飘香

　　中国人烹饪强调"色、香、味"俱全，追求"五味调和"的境界，五味之一的酸味就来源于醋。

　　在漫长的岁月中，醋与酸几乎是一体绑定的。醋最大的特色便是独特的酸味。醋之所以拥有漫长的历史，离不开酸味在饮食中的产生与运用。

　　酸味，最初来源于菌类与食物的发酵。当食物遇上乳酸菌，一切便如同有了魔法，生物互相间的微妙作用渐渐形成了质的改变，这或许便是人们品尝到的第一丝酸味。

　　这种酸味让人欲罢不能，于是人类开始了从食物中获取一份酸爽的探索。而有关醋的故事，便也渐渐开始被人讲述了起来。

最初的酸味来源

说起醋，很多人记住了其本身浓郁的酸爽味。事实上也是，醋的最大作用在于为食物提供酸味。

而在酿醋工艺没有出现或没有广泛普及前，中国先民最早用于制作酸味饮料的食材是什么呢？其实是梅子。

目前，可以考证的历史中，中国种植梅子已有3000多年的历史。凭借丰富的创造力，人们把梅子制作成了不同的食物。新鲜的梅子可以直接食用，吃不完的梅子可以制作成梅干或者梅酱。很长一段时间，梅子便是餐桌上酸味的代表。《尚书》里说："若作和羹，尔惟盐梅。"这是商王殷高宗武丁对贤臣傅说所说的话，意思是如果给他做汤羹，盐和梅是不能缺少的，足见梅子这一调味品在餐桌上的重要地位。

但梅子毕竟是时令水果，不是每个季节都有，而且产量也有限，难以满足人们品酸的需求，于是醋便应运而生。

粮谷醋

在水果醋遍地开花的时代，为什么在中国却以粮谷酿醋呢？

在华夏文明的起源地，长江、黄河所形成的广阔水域与冲积平原，促进了中国农业社会的发展。人们在土地上精耕细作，收获了越来越多的粮食。有了粮食，可以填饱辘辘饥肠，也可以用粮食生产其他食物。

有了余粮，人们便也依照制作酸菜或制作其他调味品的方式，对粮食进行发酵处理。发酵后的粮食有的转化成了酒精，有的转化成了醋酸。于是，我国有了最早意义上的醋。

直至今日，不少地区制作醋的方式与酿酒仍非常接近。

用来酿醋的原料

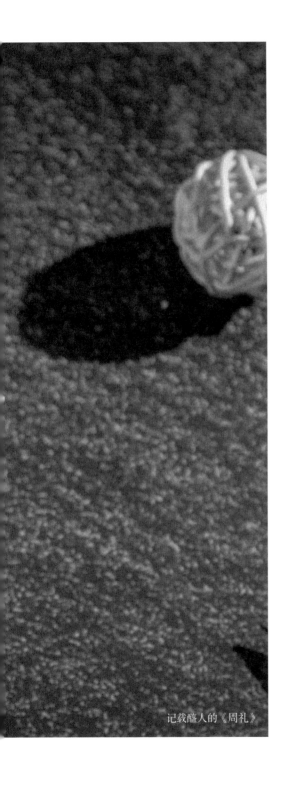

记载醢人的《周礼》

最早记载的醋

　　真正意义上的醋，在我国存在了 3000 年。

　　早在 2000 多年前西周的《周礼》中，便有了"醢人掌五齐、七菹"的记载。只是，当时的醋并不叫醋，而被称为"醯"。"醯人"就是周王室掌管五齐、七菹的官员。

　　五齐就是古代酿造的五个过程，七菹则指七种腌菜。醯人必须熟悉制酒技术才能酿造出醋来，这说明我国西周时期即有酿醋的部门和专业的岗位设置。

　　西周是一个讲究礼仪规制的朝代，醋是常用于祭祀和宫廷宴会的珍品。

周代专为王室酿醋的匠人

周王室有专门制作醋的匠人，醋虽然金贵，但也并不是特供王室的奢侈品。在当时的民间，醋也有着自己的足迹踪影。

孔子在《论语》中就批评了自己的徒弟微生高借醋的事。《论语》中有这样一句："孰谓微生高直？或乞醯焉，乞诸其邻而与之。"意思是有人向他借一点醋，他家没有，只好去向邻居要来给人。

由此可见，当时的醋虽然不及后世普及，但也绝不是天子、贵族的专供品。

据传说，山西老陈醋就发端于春秋战国时代，那个时候在山西晋阳（今山西太原）的清徐便有了手工作坊开始酿制醋。由于山西人好吃醋，所以人们也称山西人为"老醯"。醋最早在哪里发明的？史书没有确切的记载，但可以肯定的是，晋阳是食醋的发祥地之一。

据说，春秋时期，以渔猎为生的镇江人，也因地制宜地利用了当地的特产糯米，制作了更为鲜美的香醋，由此镇江醋成了镇江人餐桌上的鲜香的生活陪伴。

山西临县碛口古镇老醋坊

汉代时期的醋成为大众化的调味品

醋成为大众化的调味品，是在汉代。

汉代，醋开始普遍生产，许慎在《说文解字》中将"醯"解释为"酸"，也称"酢"。因为酒醋同源，酿醋用酒发酵催化，酿出之醋必有酒味。所以，汉代的醋的名字除了"酢"，还叫作"苦酒"。

西汉时期，丝绸之路的开拓使得经济、文化空前繁荣，这个时候"酢"的制作工艺得到了很大程度的

醋坛

提升和发展。"酢"的制作原料为大麦、小麦、高粱、粟米、秫米、糯米、大豆、小豆、谷糠、粟糠、麸皮、酒糟等，制作方法也进化为近似酿酒的酒曲制作法。比起质地黏稠的醯，"酢"已经拥有液体形态了。

汉以后的魏晋南北朝，生产醋的技术更走向了成熟，《齐民要术》中有不少酿醋方法传世，与当时的酿酒技术极其接近。

唐宋的醋成为生活必备品

醋真正被被称为"醋"是在唐代，在《广韵》中有记载："酢浆也，醋也。"

到了唐朝时期，物质极大丰富，粮食吃不完，更多地被酿成了醋，醋成了必备的调味品，人们做菜时喜欢加点醋，葱醋鸡、醋芹等这些离不开醋的美食也都是唐代人们爱吃的家常菜。

值得一提的是，用"吃醋"来表示有嫉妒情绪也源于唐朝的一段轶事。唐太宗李世民曾经给宰相房玄龄送了两个小妾，房玄龄的妻子卢氏死活不同意，为此李世民召见卢氏，让她做一个选择，要么让房玄龄纳妾平安无事，要么把眼前的一杯毒酒喝了。卢氏二话不说，就端起酒来一饮而尽。卢氏喝下去以后才知道，这并不是一杯毒酒，而是一杯醋。此后，吃醋便与嫉妒挂钩，且一传千年。

宋代，《梦粱录·鲞铺》中记载："盖人家每日不可阙者，柴米油盐酱醋茶。" 可见醋已经走进寻常百姓家，成为开门七件事之一。

四大名醋之一的永春老醋便是在北宋时期开始酿造。

盛装山西老陈醋的坛子

平遥古城老街上的醋坊

明清的醋种类何其多

明清时期，因为原料不同和发酵环境的差异，醋的种类不断增多，风味各异，形成各具特色的地方醋。

明朝李时珍在《本草纲目》中记载，醋有米醋、麦醋、曲醋、柿子醋、糠醋、糟醋、饧醋、桃醋、葡萄醋、大枣醋、糯米醋、粟米醋等数十种。

明清时期，制醋工艺经过了历代酿造艺人的不断改进，"老陈醋"的名称也是在清朝被提出来的。那时候，清徐改陈年白醋为熏醋，同时用伏晒、寒冻之法，改进了老陈醋的陈酿法。后来人们将这种酿制一年以上的醋，叫作老陈醋。在明清时期，山西各地都有醋坊。现在留存下的很多名醋企业，都可以追溯到明清时期。

明清时期，四大名醋之一的镇江香醋也以其香而微甜、色浓而味鲜的特点受到人们的追捧。

明清时期，保宁醋酿制的始祖、明末人索义廷也把在山西学成的酿醋技艺带到阆中，充分地利用了阆中的水质、原料，酿制了著名的阆中保宁醋。

杜康酿酒浮雕

杜康造酒, 儿子酿醋?

事实上, 在很多民间传说中, 醋的来源都与酒有一定的关系。

杜康是传说中的酿酒始祖, 一些传说中, 他有个名叫黑塔的儿子。杜康与黑塔常年为人们酿酒, 他们酿酒时剩下的酒糟, 会被邻居要走做饲料喂猪。有一次, 黑塔因为忙碌忘记了处理酒糟, 于是储藏在缸中的酒糟继续慢慢发酵, 足足过了 21 天, 黑塔方才想起存在缸中的酒糟。当他打开大缸时, 却发现这些酒糟已经变成了黑色、带酸香的液体。这种液体便是可供食用的醋了。

在另一个传说中, 杜康自己成了醋的发明者。说是某次杜康酿酒时, 多泡了一缸粮食进行发酵, 可他却忘记了这缸粮食。

21天后，一股浓郁的酸香从缸子中散发了出来。闻到酸香味，杜康才想起了这多出的缸，发现缸中液体味道奇特。他将液体取出，用这种带着酸香的液体为食物调味，这便是最初的醋。

刘伶贤妻巧制醋

醋的来历还有一个说法，和名士刘伶有关。

相传，魏晋时期的名士刘伶是有名的酒徒。刘伶爱喝酒，也常常自己酿酒。每每兴致来了，刘伶总是将自己喝得酩酊大醉，扰得左邻右舍多有意见。刘伶的妻子无法忍受丈夫如此行径，便只得搞起了"小动作"，她将梅子等刺激气味较大的食物偷偷放入酒缸中，试图破坏丈夫的酿酒大业。谁知，在这些神奇食物的作用下，刘伶酿的酒被转化成了酸香可口的醋。后人效其所为，因以作醋。

商纣王与醋

醋的来历还有一个传说。

传说商代一位晋阳的官员想将当地的高粱酒献给纣王。怕天热路远，酒会变质，他找了好些酿酒工匠和挑夫，挑着酿好的酒不分昼夜地赶往朝歌城。然而，一路奔波，路途中挑夫由于过于疲惫而病倒，耽误了行程，原本要进献的美酒全部变质了。

工匠非常害怕，却也毫无办法。他尝了尝这些变质的酒，却发现这酒液味道特别，有着独特的酸香。工匠灵机一动，将这种带着酸香的液体献给了纣王。谁想到，这种带着酸味的液体正巧有着开胃解酒的功效。这些功效令沉湎酒色的商纣王大为欢喜。由此，醋作为一种调味品在人世间开始流传。

醋酒同源

关于醋的民间传说很多，但无一例外，所有关于醋的诞生传说中都少不了一个特别的角色——酒，其实这也说明了古时的醋是由谷物发酵成的酒而产生的。

醋和酒来源相近，工艺相似，它们都以水果或粮食为原料，以醋曲或酒曲为媒介引入发酵菌，经过一系列工艺发酵，产出带有香味的液体。

我国历史上著名农书《齐民要术》中便讲到了十种酿酒法、二十三种酿醋法。其中，这二十三种酿醋法中，又有不少是使用酒曲进行酿造的。

酒和醋都有"酉"字。酉字最初由酿造酒或醋的容器象形而来。酒和醋的生产都需要容器，容器一般为缸。酒缸与醋缸的外形相似，都是敞口的缸子，外加缸盖，正像一个"酉"字。缸中放置粮食，为发酵提供了良好的空间，对醋或酒的酿造来说非常重要。对于醋来说，即便社会发展变化，时间流转，其称呼不停改变，却始终带了这个酉字作为偏旁。

在同样的容器中，有些粮食变成了酒，有些则变成了醋。酒带着醉人的香气，令人精神放松，

自贡传统酿醋现场

让人们在忙碌中找回了几丝肆意的逍遥；醋则有着清
醒的香气，令人精神振奋，让人们在疲惫和劳累中多
了一分爽朗。看来人们喜欢这些酿造出的液体，自有
一番道理。

西方醋

中国是最早酿造粮谷醋的国家，现在人们最常食用的依旧是粮谷醋。而在西方，多是果醋和酒醋。

据传，西洋醋诞生于公元前 5000 年。在两河流域的中下游巴比诺利亚地区，人们用椰树的树液、成熟果子的果汁以及葡萄干酿酒，再经发酵制成醋。醋在英文中称为 vinegar，来源于法文 vinaigre，意思是酒（vin）发酸（aigre），由此可知，醋是以酒为原料来制取的。

早在古埃及时代，人们便有以水果酿醋食用的传统。传说中以美艳闻名的埃及女王克里奥帕特拉七世，便有以水果醋配合珍珠服用的习惯。18—19世纪，欧洲人外出旅行时，随身携带苹果醋，用以杀菌，预防传染病。

功能之变

最初的醋，以次等酒的身份出现在人们的餐桌上。那时醋极有可能是一种像酒一样的饮料，只不过较为廉价罢了。

随后，醋中独特的酸香被人们所发展利用，醋渐渐成为一种调味品，有关醋的调味作用也开始渐渐显现出来。醋开始代替梅子，成为餐桌上调节酸味的调味品。这一时间，有关醋的食谱也渐渐被人们开发出来。或浸，或蘸，或成为热汤中画龙点睛的一笔……醋以不同形式添加到食物中。

随后，醋在国人生活中又有了新的作用——药用。关于醋的药用价值早在南北朝陶弘景的《名医别录》中已有记载，明代《本草纲目》中更是多处论述了醋的药用价值。《本草纲目·卷二十五》中写道："（醋）释名：酢、醯、苦酒。陶弘景曰：醋酒为用，无所不入，愈久愈良。亦谓之醯，以有苦味，俗呼苦酒。丹家又

醋泡大蒜

加余物，谓为华池，左味。"认为醋就是一种苦酒，越陈越好。又说，"刘熙《释名》云：醋，措也。能措置食毒也。"

张仲景的《伤寒论》中有一个著名的方子——"苦酒汤"，其中的"苦酒"就是古代的醋。苦酒汤由半夏、鸡蛋清、苦酒三味药组成，用来治疗"咽中伤，生疮，不能语言"的疾病，类似现在的重症咽炎。平常生活中如果喉咙痛，含一大口米醋，慢慢地咽下，也有很好的治疗效果。《伤寒论》中还有"猪胆汁方"，即用醋调和猪胆服用，以排宿便。

醋的这份酸香不仅给予了食物灵魂，本身更是成为我们生活中的"保健医生"。

缤纷醋艺
古法流芳

千年以来，时过境迁，斗转星移。

从普普通通的粮食，变化成为酸香可口的食醋，制醋的工艺随着时间的转变，也有了不少精进和变化。

从《齐民要术》的二十三种制醋法，到明末清初产生的四大名醋，再到如今山西广泛运用的"醋八条"措施；从人工培养曲霉酵母固态发酵，到机械液态发酵，再到如今一代又一代更新的生物反应技术，醋似乎一直在变，却也似乎一直没有变。

历史长河中从来不缺乏醋的痕迹，而制作醋的手法也不仅仅是纸笔上虚无的文字，它实实在在存在于大江南北，为我们的味蕾带来一年又一年的慰藉。

工艺多样

中国醋的种类丰富，地区不同，酿醋的原料不同，制醋工艺也不同。

的确，繁多的制醋方法，体现了中国人会因地制宜，根据不同区域的资源、气候、环境而采用不同的方式进行醋类的酿造。

根据不同的气候和不同的地理环境，人们酿醋的原料和手工艺存在一定的差别。例如北方地区的醋常用北方产的高粱、小麦等酿造，南方地区的醋则常用糯米、粳米、麸皮等酿造。

当然，醋不能简单地以地理来分南北，更多需要从工艺上划分。比如北方的山西老陈醋一般采用开缸固态发酵方法制得。位于南方的镇江香醋，其制法与山西老陈醋制法相差不大。而浙江老恒和醋、福建永春老醋、广东玫瑰醋等则是采用液态发酵法制成。

发酵大缸

人工踩曲

用南瓜叶包着的麦曲

醋曲与酒曲

想要酿醋，首先要制曲。

酿醋用的曲和酿酒用的曲，有相似也有不同。醋曲和酒曲一样，都是促进菌类发酵的引子。

酿酒只用酒曲，而酿醋除了用酒曲还要用醋曲，也就是醋酸杆菌。

对于酿酒而言，醋酸杆菌可不是好东西，它会导致酒酸化，那就是酿制的失败。

而对酿醋来说，醋酸杆菌不可或缺。反倒是醋酸杆菌如果少了，发酵不完全，产酸少了，那酿醋就失败了。

033

酿醋的曲中，最常用的一种散曲叫作黄衣曲。

黄衣曲多为麦粒所制，制成后，麦粒外会附着大量米霉菌所产生的黄色孢子，因此这种曲被称为黄衣曲。历史上，黄衣曲也叫"麦䴰""麴"，据说，《周礼》中皇后采桑时所穿着的礼服之所以叫"麴衣"，便是由于礼服的黄色与黄衣曲的黄色非常相似。

黄衣曲

制作黄衣曲，第一步便是浸泡小麦。将小麦用水浸泡，随后蒸熟，摊在席箔上发酵。之后，再用

长了黄衣曲的麦粒

胡麻盖上麦粒，直至麦粒长上一层霉菌才算完成。这个过程一般要持续 7 天。

7 天后，等霉菌长好，麦粒呈现独特的黄色，麦粒便变成了黄衣曲。这时便可以将麦粒做成的曲晒干备用了。这整个过程中，制作场地不能进风，房间内要保持高温和湿度，这样才符合黄衣曲的制作条件。正因为如此，制曲常常是在夏季完成的。

原料选择

准备好曲，制醋的下一步便是选择原料。

在中国，醋的原料主要以谷物为主，小麦、大麦、糯米、豌豆等也可以作为酿醋的原材料。在原料的选用上，不同酿醋人有自己独特的配方，他们依照自己对不同谷物的理解，将不同谷物进行配比，从而利用不同风格的谷物，酿造出各具特色的醋来。

需要注意的是，在选择原料时，人们往往不会将谷物的皮、胚芽脱去，这是因为谷皮和胚芽中蕴含着一些蛋白质，在霉菌的作用下，这些蛋白质能够转化为具有独特风味及营养成分的不同氨基酸，让醋的香气更多元、口味更复合、营养更丰富。

制醋原料

酿
醋

变废酒为醋

　　除了谷物外，一些在酿造过程中酸败掉的酒，也可以被改造成醋。

　　中国历史上曾经有一种"动酒酢"，是一种独特的醋。这种醋便是人们在未酿好的春酒中加水，放在阳光下进行暴晒。通过这种方式，加速没酿好的酒中的菌类发酵，从而得到独特的醋。

　　这种醋的原材料来自春酒，春酒和我们现在见到的冬酿酒一样，是人们在春天酿造的低度数酒。酒的度数不高，很容易变质。

　　酿造春酒过程中稍不留神便会进入新的霉菌，就无法继续成酒了。这时，人们便将这未酿成的酒中加水，放在阳光下暴晒，让霉菌继续生长发酵。这时，酒上便会形成一层白膜，等到白膜消失，发酵便完成了。

　　这败坏的酒便被废物利用，变成了新的产品——醋。

　　以春酒为原料酿醋，跳过了发酵过程中淀粉到酒精的繁杂环节，变废为宝，非常有用。

　　如今，辽宁的丹东塔醋就是以类似的方法制成，颇具风味。

五谷杂粮醋的酿造

酿造准备

　　无论选取什么原材料，想要酿醋，首先要做的是将原料加工熟。熟化的谷物更易被菌类分解成糖分，酿醋的成功率也更高一些。因此，人们会先将作为原料的谷物洗净、粉碎，然后蒸熟。

　　在粉碎谷物时，要保留谷物的外壳。保留谷壳有着不少作用，一则谷壳可以使酿醋的原料之间存在孔隙，方便空气进入，使原料中用以发酵

的菌类得以繁殖;二则是谷壳中存在不少特殊的蛋白质,当这些蛋白质被分解为氨基酸后,又可为醋增添更多风味与营养。

在中国一些地区,酿醋时不但要保留粮食的谷壳,甚至还需要在原料中专门添加麦麸、谷糠、豆壳等辅料,稻壳、玉米芯、刨花等填充物。辅料用以增添蛋白质,填充物则专门疏松醋醅、方便酿造。

041

加工原料

原料准备好了，接下来需要对原料进行加热熟化。加热熟化原料，不仅能让谷物中的淀粉转化为更易分解的淀粉糊，并且可以二次杀菌，以免酿醋过程中因有害细菌的繁殖而影响醋的酿造。

加热原料后，人们拌匀主料、辅料、添加剂等物料，再将这些物料放入专门的醋缸中。

中国幅员辽阔，各地气候不同，人们准备的醋缸也各有不同，但整体上，醋缸以通气性、密闭性适中的大缸为佳。

这些都做好之后，还需要准备一个较好的发酵环境场所，从而能够保证发酵所需的温度和湿度。控制温度、湿度，既包括发酵环境整体温度的控制，还包括对入缸醋醅自身温度、湿度的控制。

控制好温度、湿度，也就控制好这醋缸内菌类的状态，以此酿造出不同风味的醋来。

043

处理醋醅

醋醅是用于酿造醋的原料经过发酵形成的一种固体物。

在不同的醋醅中，菌类对温度与湿度的要求也各有不同。这便要求人们在酿醋的过程中，以不同的方式处理不同种类的醋醅，这样才能酿造出质量合格的醋。

在酿造山西老陈醋、镇江香醋等时，工匠会定时对醋醅进行翻动搅拌。但酿造保宁醋时，则要求工匠一次性拌好醋醅，后面就不再去接触醋醅，从而保证醋醅正常发酵。

适量的空气，可以保证醋醅内好氧益生菌的生长，保证它们充分发挥作用。但与醋醅接触的空气必须适量，不然会破坏一些厌氧发酵细菌的生存环境，使它们失去发酵作用，导致发酵失败。

发酵时，搅拌醋醅的顺序和时间也十分讲究，其中也包含着千百年来工匠们积累的创意与经验。

酿醋的时候，人们对控制原料、醋醅及成品中的水分，也有着不少讲究。

水分控制

酿醋过程中，一些微生物的生存繁殖必须要有水。这些微生物不但能溶解原料中的有机物，还能协助一系列生物化学反应的形成。因此，酿醋过程中水分的多少，一直是人们研究的问题。

　　一般而言，酿醋过程中，原料开始发酵以后，就不宜再加水了，这是因为加水会增加酿造失败的可能性，使醋味道变得寡淡。甚至，酿醋的过程中不但不能加水，还要使用各种方法去除醋中多余的水分。

　　我国四大名醋之一的山西老陈醋，有"夏伏晒、冬捞冰"的传统。夏天利用阳光蒸发水分，冬季捞醋中的冰，这样做的目的也是为了控制醋中的水分，对醋进行提纯。水分的减少，可以让醋的酸香更加浓郁。

细菌是友军还是破坏分子？

在酿醋的过程中，还需要控制好酿制场所的卫生条件。

酿醋是一场以有益菌类等微生物为主角，将淀粉转化为醋酸的绝妙好戏。在这场戏剧中，我们不能误伤"友军"，也不能放任"破坏分子"的滋生。于是，人们往往会在酿醋时一边保护帮助发酵的益生菌，一边防止其他菌类滋生，以免影响醋的酿造。

这样，酿醋时的卫生条件必须符合严格的要求。

酿醋前，需要将器具高温加热，以达到消毒的目的。酿醋过程中，人们要避免生水、空气接触醋醅，从而减少其他菌类进入醋醅的可能性。

酿醋中使用的容器，也要严格保证卫生。有些地区会在醋缸上铺一层丝绵，从而起到防尘的作用。

049

静待花开

准备好这一切，可以算是"万事俱备，只待陈酿"了。人们根据本地的不同自然条件，将醋缸放在阳光下或地窖中，随后便只需静待时间魔法师施展威力了。

在酿醋不同的时间里，有不同的菌群发挥不同的

作用。如我们之前所说，有的菌将淀粉转换为淀粉糊，有的菌将淀粉糊转化为糖类，随后糖类被转化为酒精和醋酸。直至最终，菌类将原料完全转化为醋酸和水。当然，还有一些其他菌群也参与其中，将不同有机物分解为不同的物质。这些物质各具特色，是醋的不同香味的来源。这样一来，每一滴醋都酸中带香、香中有韵。我们厨房中常见的醋，也便成为中餐烹饪中画龙点睛的一笔，成为中国饮食文化中不可或缺的存在。

蘸醋美食

晒醋

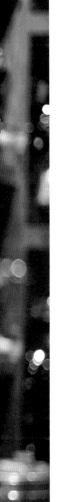

醋的包装

历经千辛万苦，醋终于要做成了。这个时候，人们便要考虑醋的包装和储藏了。

旧时，醋店往往是加工醋的工坊，醋常常是放在缸里出售的。醋店的伙计将醋打在顾客自己携带的容器中。随后，伙计用盖子盖好醋缸，等待下一位顾客的到来。打醋的人往往是孩子，才懂事的孩子端着自家的瓦罐容器，沿着街边小心地行走，担心自己不小心，会将宝贵的醋洒了。也有的是把醋放在小号醋缸中出售，醋缸一般为价格低廉的陶缸。陶器有一定的密闭性，在一定程度上可以隔绝空气，又因为醋中的乙酸本身具有一定杀菌防腐功效，因此装在陶器中的醋只要注意减少与空气接触，就可以避免变质。

这样的储藏与包装，使醋的流通范围极其有限。基本上醋店离酿醋工坊都不远，醋店内的醋也通常销售给附近的人。

后来随着市场发展，醋也开始有了远销的需求。醋的包装容器渐渐由传统的醋缸转为玻璃瓶、塑料瓶以及塑料袋，全国各地生产的醋也不再局限于在醋的产地销售，而是开启了走南闯北的征途。

其他制法

除了传统固态发酵法，醋类还有着一些其他广为流传的制法。

比如液态发酵法，其与常用的固态发酵法有一定的差异。

第一是固态发酵法在酿造过程中需要加入谷糠等辅料及填充物，液态发酵法则只需要放入原料即可进行发酵。第二是固态发酵法酿造后需要以水淋醋醅或浸泡醋醅，这样才能得到食用醋，液态发酵法则无须

这个流程，便可得到液体食醋。

　　这两点不同，让两种发酵法生产出的醋也有一定区别。液态发酵法发酵时间快，醋的口味却也因此相对单薄，颜色也更清透。

　　中华人民共和国成立后，制醋由家庭工坊向大规模工厂发展，制醋业也迎来了一个新的时代。但是，在很多地方，却依旧坚持使用传统工艺，用匠心酿造好醋。

一醋散万香

    在中国，醋有着各式各样的品类和形态，这些品类形态各具特色，也各具功能。

    我们日常生活中食用的醋，有黑色的醋、褐色的醋，也有透明的白醋。这些不同颜色的醋，有什么区别？

    在这些醋里，有用粮食酿造的，有用水果酿造的，也有用冰醋酸勾兑的。这些不同原料做成的醋各有什么特色？

    生活中的开门七件事"柴米油盐酱醋茶"最早是宋代的吴自牧在《梦粱录·鲞铺》中提出的，醋是我们家庭日用中不可缺少的调味品。可除了作为调味品，醋还有什么其他功能和作用？

    万千功用，归于一片酸爽。接下来了解一下中国的各种不同功能、不同特色的醋。

颜色不一

对人们来说，最直观地辨别醋的方法就是看颜色，市面上的醋有黑褐色、棕黄色、琥珀色、浅黄色和无色透明等不同的颜色。

一般陈醋颜色较深，比较适合给颜色比较深的菜调味，比如酸辣汤、醋烧鱼等。而香醋可以当作海鲜或河鲜的蘸料。白醋，则适合用来做沙拉或者是拌凉菜。

酿醋工艺的不同会使醋具有不同的颜色，比如山

西老陈醋，在酿造过程中会以"熏"的方式处理醋醅，在熏的过程中，醋的香味得以增加，同时色泽也变得黝黑。青海的黑醋之所以色如琥珀，一靠几十味中药材配料，二靠数月之久的曝晒。

相较于深色的醋，浅色的醋品类相对较少。一些米醋呈现出淡黄色，白醋则完全透明。一般来说，白醋的配料表往往也比较简单，比如白米醋中，就只有水、食用酒精、大米和食用盐等。白醋分为两类，一类是以酒类为基础原料酿造出来的白醋，还有一类是以醋酸勾兑出来的勾兑白醋。白醋因为在烹饪过程中不会给菜肴着色而大受欢迎，比如做锅包肉等菜肴时，白醋透明的颜色便是它的一大优点。

醋的分类

　　米醋、陈醋、白醋、黑醋、香醋……市面上的醋真的太多了，其实简单地说，醋大体可以分为两类：酿造醋和配制醋。

　　酿造醋以酸味纯正、香味浓郁、色泽鲜明者为佳，主要由粮食、水和食盐等酿造而成，只是不同的醋，由不同的粮食酿造。

　　配制醋是人工合成醋，也称醋精，常见的有色醋和白醋，用可食用的冰醋酸稀释而成，其醋味很大，但缺少香气。没有什么营养，但做调味还是可以的。

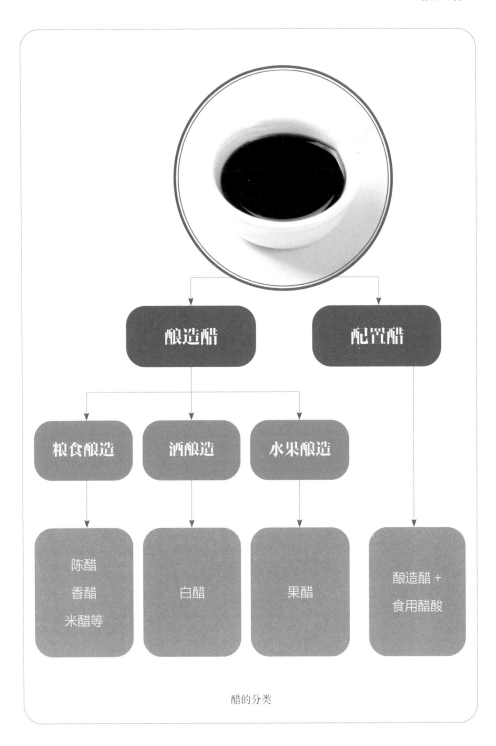

醋的分类

粮谷醋

在中国市面上的酿造醋中，粮谷醋种类最多。

所谓的粮谷醋即由粮食、薯类为原料酿出的醋。我们生活中常听到的陈醋、米醋、香醋、麸醋等大多都是粮谷醋。这些醋的主要区别在于原料的不同，比如陈醋多以高粱为原料，酿成后存放较久；而香醋则多以糯米为原料；有些以大米为原料，发酵出的醋便是米醋；有些以麸为原料，发酵出的醋便是香醋。

粮谷醋是中国传统上最主流的醋。历史上，中国品质最好的"四大名醋"都是粮谷醋。粮谷醋极具中国特色，最能代表中国千年酿醋的思想结晶。

陈醋、香醋、米醋，醋味不一

琳琅满目的粮谷醋中，陈醋、香醋、米醋这些不同名称的醋在风味上又有什么区别呢？

陈醋本意是经过陈酿的醋，市面上常见的陈醋多为山西老陈醋。陈醋的口感相对浓郁醇厚，可制作醋烩菜、醋泡菜等，也常用于需要突出酸味而颜色较深的菜肴中。陈醋因为味道浓郁，也是喜欢重酸口味人员的首选。

香醋原意指味道香浓的醋，一般由糯米酿造而成。香醋有机物含量非常高，由此口感也更为充盈。它因酸中带了迷人的香味，由此赢得了大家的赞誉。市面上最常见的香醋是镇江香醋。而香醋也因为其独特的

酸香风味，常被用来蘸食河鲜、海鲜以及饺子、小笼包等。

　　米醋泛指用米酿造的醋，是一种酸味适中的醋。米醋的酸味不重，可控性非常高，对于厨房新手烹饪时使用也非常适合。

水果醋

水果醋是世界上最早出现的醋。

在中国，水果醋在漫长的历史发展过程中并没有占据主流，但它们依然以独特的风味、神奇的口感，在各类醋中赢得了一席之地。

在中国最早出现的水果醋应该是梅子醋。制作梅子醋，一般选取黄熟的梅子，洗净后直接进行发酵，进而制得梅子醋。梅子醋除了简单的酸味外，还带有一点点梅子所特有的涩味与香味。

水果醋中出现比较早的还有柿子醋。柿子醋最初应当由山间的野柿子自主发酵产生，后被人们学习并在生活中酿造食用。柿子醋带着柿子的甜蜜与醋酸的酸味，口味同样比较清淡，配合鱼、肉食用，可解油腻。后来柿子醋在我国式微，却在一衣带水的日本发扬光大，最终成为日本著名的醋品。

苹果醋出现的时间较晚，因其口味酸甜，在当代常常被制成醋饮。苹果醋中含有丰富的多酚类物质，具有抗癌、降血压血脂的作用，而且苹果醋中富含维生素 C，非常有营养。现在的苹果醋，是人们喜爱的一种饮料。

制醋的梅子

色泽清亮的酒醋

酒醋

酒醋是以酒类为原料，对其进行继续发酵或二次发酵后得到的醋。

原本醋的产生就与酒有密切关系，中国的大部分醋与酒又都是由粮食酿造而得来。而酒醋却是用酒，尤其是用酸败的酒来酿醋，这就是人们生活中一种变废为宝的选择。

因为省略了由粮食发酵的过程，酒醋的酿造工期相对较短。并且，酒醋的口味往往只有酸味，而缺乏谷粮醋特有的醋香。

也是因为这个原因，酒醋在中国并不是醋类的主流。但它生产工期短，生产成本较低，又往往能够"变废为宝"，因此也有其存在的空间。

酒酿醋色泽透明干净，没有其他醋类所携带的色泽，因此在制作不宜上色的菜品时，人们会采用酒醋。中国东北的丹东塔醋，就是一种有名的酒醋。

饺子醋、蟹醋

　　除了以上这些常见的醋，市面上还有一些专为蘸食某种食物而生产的醋，比如饺子醋、蟹醋等。

　　饺子醋一般以陈醋为基底，在陈醋中加入大蒜和其他调味品。这样，醋中有了蒜的风味或其他风味。在人们食用饺子时，即使不去剥蒜食用，也能够在饺子醋的作用下体味到更美妙的口味。

　　蟹醋主要用来蘸食螃蟹等河鲜和海鲜。不同于以陈醋作为基底的饺子醋，蟹醋的基底一般为口感丰富的香醋，再加入可以解海鲜寒凉并有去腥增香作用的姜汁，食用起来非常方便。蟹醋流行于江浙一带，搭配螃蟹，口感令人惊艳。

健康的调料

醋在烹饪中，是一种非常有益于健康的调料。

除了少数人不适合吃醋外，食用适量的醋对我们的健康来说基本上有利无害。"少盐多醋"是医生给大多数人的饮食建议。比起食用过多盐分会诱发"人体三高"，经常食用醋则可以软化血管、提升胃口，对人体健康带来诸多益处。

食物太过油腻时，加些醋可以改善食物口感，解除油腻，让食物的口感马上变得爽利起来。而当食物中其他材料的口味过重、想要"喧宾夺主"时，加些醋则可以中和掉其他杂味，使食物重新变得美味可口。

醋的药用价值

　　自古以来，醋不但是一种很好的调味品，人们还常常将醋视为一剂良药。在民间，不少人在日常坚持服用醋，从而达到维护身体健康的目的。

　　有关醋的药效，最早的记载见于汉代马王堆帛书中整理出的《五十二病方》。在《五十二病方》中，醋有引药入肝、理气、止血、消肿、解毒、散瘀止痛、矫味矫臭等功效。此后，历代药典中，都会讲到醋所具有的保健功效，大体也与《五十二病方》中的描述相似。

　　"大抵醋治诸疮肿积块，心腹疼痛，痰水血病，杀鱼、肉、菜及诸虫毒气，无非取其酸收之义，而又有散瘀、解毒之功。"《本草纲目》同样记载了醋的药用功能。

灶台良药

中国幅员广阔，不同地区的饮食习惯差异性很大。人们普遍认为，食补好过药补。醋入菜肴时，也常常被赋予了一些药用功能。

最典型的功能是醒酒，自古以来，姜、醋、鱼的组合，似乎对大多数人来说都意味着具有解酒的功效。姜可暖胃，醋可提神，鱼肉鲜美，最是解酒。在浙江杭州，与西湖醋鱼相似的宋嫂鱼羹，也具有醒酒的功效。人们在酒席上，酒过三巡之后，吃一口醋鱼或是鱼羹，便能一边品尝酸爽鲜美的味道，一边缓解醉意。

另一种有名的醒酒汤叫作"砸鱼汤"，是山东博山地区的地方菜。据说，博山地区酒席接近尾声时，主人会要求厨房用餐桌上吃剩的鱼"砸个汤"。这时，砸鱼汤就闪亮登场了。制作砸鱼汤一般是在吃剩的鱼肉中加入开水，然后加入大量的醋，最后打个鸡蛋，再重新上桌。一般情况下，一顿饭吃到砸鱼汤，说明宴席即将结束了。人们也借着浓浓的醋香醒醒酒，随后便要准备收拾收拾离开了。这道菜带着暖暖的人情味，是朴实勤劳的博山人酒后的最爱。或许这世间，本来就没有不散的宴席，既然要散席，不如再来一口

姜醋猪脚

砸鱼汤收尾吧。

　　除了能醒酒外，醋还被人们认为有补气养血的功效。广东的姜醋猪脚则被认为有驱寒祛风、养血补虚的作用，是广东妇女坐月子必吃的滋补食品。因其独特的酸甜滋味，姜醋猪脚现在已经成为深受大家喜爱的一道广东特色菜。寒冷的冬天，来一碗姜醋猪脚，酸香醒神，令人神清气爽。

醋的妙用

除了食用，醋在生活中还有不少其他用处。

醋中的乙酸具有杀菌的作用，在日常生活中，醋是一种较好的杀菌、消毒剂。曾几何时，流感多发的季节，很多家庭还会采用"醋熏"的方式为家里消毒杀菌。

醋熏的方式有很多种，比如有人将锅烧热，再倒入醋加热；或者直接用汤锅煮醋，让醋味弥漫整个房间。

人们还习惯在打扫卫生后用白醋杀菌，用一些白醋与水勾兑成杀菌和消毒的液体，价格也不贵，是杀菌的好选择。如今，在不少人的童年记忆中，依旧有着流感季节的一抹酸香。

醋的另一个妙用，是它还有美容养颜的功效。

在古代，常有宫人以醋调和珍珠粉用于护肤。因为醋中的乙酸带有一定刺激性和腐蚀性，可以去除面部的角质结构和一部分斑点之类的瑕疵，因此经常受到爱美之人的青睐。

在营养方面，以米醋为代表的醋类富含多种氨基酸。古人很早便认为五谷中的稻米最为养人，由稻米酿造出的醋自然也有补血养颜的作用。因此，人们认为多食用米醋可以补气养血，当气血补起来，人也会变得更为健康美丽。

中国名醋——
一方水土一方醋

中国幅员辽阔，人口众多，物产丰富，不同地区有着不同的自然馈赠和独具特色的地理环境。也正是在这些不同的土地上，诞生了各种具有特色的醋。南与北，东与西，山地与平原，荒漠与沿海，五湖四海，不同地域，时间上的寒来暑往，人群相聚又分离。天时、地利、人和，一次次交融和碰撞，又激发出怎样的火花，让人们酿造出怎样不同的醋？

中国有哪些优质的食醋，这些醋具体有什么差别？

这些醋是何时出现的，它们经历了怎样的变化，才能在一代又一代人挑剔的味觉中薪火相传、绵延至今？就让我们把目光聚集于曾经在中国出现的各种名醋，看它们在华夏大地上，上演过怎样的传奇。

四大名醋

中国有四大名醋，分别是山西老陈醋、镇江香醋、保宁醋、永春老醋，这四大名醋无一例外都是粮食醋，是中国醋中翘楚。

虽然都是粮食醋，但原粮又各不相同。山西老陈醋的原粮是高粱，镇江香醋的原粮是糯米，保宁醋的原粮是麸皮与米麦，永春老醋的原粮也是糯米，但是它们酿出的醋却又有一些共同的特点，色泽乌亮，醇厚香浓，回味绵长。

山西人走到哪都离不开老陈醋，四川人喜欢保宁醋，江苏人爱镇江醋，福建人贪念永春老醋……不管是哪个地方的醋，既承载着千年文明，更打开了味觉的通道，游走于人们的舌尖，成为人们永远追寻的地道之味。

四大名醋

山西老陈醋

酸味浓厚，有烟熏味

镇江香醋

酸而醇厚，微甜不冲

保宁醋

酸甜，有草药香气

永春老醋

酸甜，微微酒香

山西景象

山西人对醋有多喜爱

说到醋，"山西"两个字便会从脑袋里冒出来，山西人爱吃醋，山西老陈醋是中国四大名醋之一，也是北方地区最具特色的醋。

山西老陈醋选用优质高粱、大麦、豌豆等五谷经蒸、酵、熏、淋、晒等过程酿就而成。

山西人爱吃醋的风习，早已闻名天下。对于大多数山西人来讲，"有醋可吃糠，无醋肉不香""一里香油十里醋"，可以说，嗜醋如命。

山西人为什么这么爱吃醋？

山西地处黄土高原，阳光充足，特别适宜种植小麦，所以山西人的饭食多以面食为主，有炸酱面、浇肉面、烩菜面等多种面，较油腻且难消化，在吃面食的时候加些醋，则解腻也帮助消化。

山西人吃醋还有着气候上的原因。山西东靠巍巍太行山脉，受太平洋季风影响很少，常年干旱少雨，气候干燥，这样的气候容易导致人食欲不振，而醋则能召唤出人的食欲。

当然，山西的水土特质也在一定程度上决定了山西人对醋的偏爱。山西地处太行、太岳两座大山的腹地，水土多呈碱性，醋的酸性正好可以中和碱性，吃醋可以维持人体内的酸碱平衡，有益于身体健康。

如此看来，醋对山西人来说是必然的真爱。舌尖上的那点酸，也成了山西人饮食上特有的情怀。

山西因老陈醋而闻名，制醋最有名的地方便是清徐县，最正宗的山西老陈醋就是在清徐县诞生的。清徐县老陈醋酿造技艺已于 2006 年申请非物质文化遗产。

陈醋发源地

清徐县地处太原市城郊，曾经是黄土高原上人口相对密集的农业区。这里夏季干燥，冬季寒冷，为西北地区非常典型的气候。汾河水系后期形成的东湖提供了丰富的水源，这里地理位置优越，交通便利。早在春秋战国时期，清徐人便已以液态发酵方式用缸、

瓮酿醋。西汉时，清徐出现商业性的酿醋作坊。

北魏时期，酿醋技艺由液态发酵改为固态发酵，这一里程碑式的创举，为清徐老陈醋酿造技艺的独特风格的形成奠定了基础。

采用清徐老陈醋酿造技艺制作而出的老陈醋体态清亮、鲜明诱人、既香又绵，还有"挂碗"的特点。拧开清徐老陈醋瓶盖，那香酸浓郁的气息便扑鼻而来，滴入碗里打一个圈，便均匀地粘在碗边。

汾河水系

传统酿醋工艺淋醋

山西老陈醋 工艺历史

山西老陈醋的酿造技艺，始于《齐民要术》中记载的"秫米酿造法"。唐代，山西清徐人采用"装缸浇淋法"，将醋液滤出，便能得到色泽清亮、杂质较少的醋了。

宋代，清徐人又研发出了"熏醅"技术，熏醅技术与今日"熏"相似，在"淋醋"之前进行。熏醅之后，成醋多了一种独特的熏香，口感也更为浓郁。

这样，山西醋的质量进一步提升，醋色棕红透亮、味道醇香酸爽。山西醋逐渐名扬全国，一些地区"家家有醋缸，人人当醋匠"。

明末清初，山西人又对以前的酿醋工艺进行大胆创新改革，采用"冬捞冰，夏伏晒"的方法，酿出的醋"绵酸醇厚、陈香悠久、甜洌鲜美、回味无穷"。这种方法所酿的醋，至少隔一年才能上市，因此将醋定名为"老陈醋"。

到了现在，山西老陈醋成为名副其实的中华第一醋。

山西老陈醋五步法工艺

山西老陈醋作为中国名醋，以"酸、绵、香、甜"的风味而著称。那么这独特的风味又是怎么做到的？

除了本地优质的粮食、酿造汾酒的汾水，还要得益于山西老陈醋独有的"蒸、酵、熏、淋、陈"五步法酿造技艺。

"蒸"的作用在于将原料蒸熟，以方便后期淀粉发酵。首先将酿醋所用的高粱、豌豆、大麦等粮食碾碎，和作为辅料的麦麸、谷壳等混合，随后放入特殊炊具中蒸熟。蒸原料差不多要花两小时，等待原料蒸好，摊开进行冷却，"蒸"这一步才算完成。

"酵"是将蒸过的原料拌入曲。山西老陈醋使用的曲为大曲，是古时黄衣曲一脉传承下来的醋曲。拌入大曲的原料被放入陶缸进行发酵。这期间，需要定时进行搅拌，使醋醅疏松，扩大与空气接触面积，满足醋酸菌在发酵过程中对氧气的需求。发酵一般需要半个月左右的时间。

山西老陈醋酿造原料高粱

山西陈醋

　　"熏"是山西老陈醋酿造过程中非常特别的一步，山西老陈醋特有的厚重熏香感便由此而来。醋醅发酵好，便放入熏缸，用炉火对醋醅进行熏烤。熏烤需要九天，醋醅也渐渐由黄色变为黑色。经过熏醅后，醋不但颜色变为独特的黑紫色，香味也变得更为馥郁诱人。

　　"淋"是指将熏过的醋醅放入池子，淋制浸泡。将水、醋加热至 90 摄氏度，缓慢泡淋醋醅，使醋醅中的醋酸和其他营养成分、香气色泽全部泡出。这便有了初步成型的"新醋"。

　　"陈"化是酿山西老陈醋酿制过程的最后一步。新醋如果直接出厂，便是山西临汾地区出产的"熏醋"。但若要得到更为浓郁有韵味的老陈醋，便需将淋好的熏醋放入大缸，进行一年以上的陈酿。完成这个步骤后，熏醋才完成了变身为老陈醋的华丽转身。

陈酿期间，山西老陈醋在接受时间酝酿的同时，还要经受"夏伏晒""冬捞冰"等工艺提纯。

夏季将醋缸放在阳光下进行暴晒，以此蒸发醋中的大量水分。冬季对醋缸中的冰进行打捞，便是将水分从醋中分离的另一种方法。利用山西本地的气候条件，通过这两种方法去除醋中多余的水分。这样，经过一段时间的陈酿后，醋的品质得到提升，味道变得更为浓郁。这样，浓郁香醇、回味悠长的陈醋才得以诞生。

山西老陈醋最初产于清徐县，后晋中市榆次区凭借着几口水井的好水源，也开始生产老陈醋。此外，这些年太原市凭借省会优势，也建立了醋厂，近些年市场上热销的宁化府山西老陈醋，便产自太原。

山西老陈醋与山西人

山西平遥古城的中国商会博物馆

山西人不但喜欢用醋进行烹饪，还喜欢直接饮醋。醋是山西人离不开的精神寄托，也是山西人无法忘怀的一抹乡愁。

清代，商业的发展让山西商旅行走于五湖四海。面对不同于家乡的风物，何以解忧，唯有老陈醋。同时，随着晋商经营范围的扩大，商团所行之处，老陈醋也渐渐被推广开来。人们惊讶地发现，山西商旅们携带的醋品相佳、质量好，而且即便随着商旅漂泊千里之后，却依然没有失去本身的那份浓郁的酸香。

后来，山西人的外号干脆变成了"老醯儿"。"醯"和山西的"西"字同音，表现着山西人与山西老陈醋无法割舍的情感。

在山西这片干旱却也安宁的土地上，老陈醋是山西人对自然馈赠的回应，也是山西人对自然赠予的适应。它是食物中的灵魂，也最终成为山西游子远行路途中那一抹难以忘怀的乡愁。

山西老陈醋与山西菜

在山西菜中，有一个永恒的黄金配角，那就是醋。山西老陈醋较之其他醋，口味更为浓郁酸香，山西人爱的就是这个口味。

山西人爱吃过油肉，做过油肉时，先把肉过一道油，再添上笋片、木耳等配菜炒制而成。炒肉时必不可少的一步就是加醋，醋可以起到去腥增香的效果，加了醋的过油肉少了一丝油腻，多了一丝香味，是山西人饭桌上常见的一道下饭菜。

糖醋丸子也是山西一道特色美食。丸子用猪肉馅儿加入白菜萝卜碎，混合蛋清搅拌后捏成，丸子用油炸得外酥里嫩，然后上锅炒制，浇上调好的糖醋汁即成。有糖醋的加持，普通的丸子变得更有滋味，非常开胃。

醋椒羊肉也是一道山西名菜，里面虽然有"椒"，但并不辣，因为这里的椒指的是胡椒。实打实的羊肉块加入了醋，醋酸将羊肉的膻味一扫而空，只剩鲜香与美味。

老陈醋，是很多山西菜的点睛之笔。没有老陈醋，山西菜便宛若失去了灵魂一样，只能泯然众人，毫无特色。

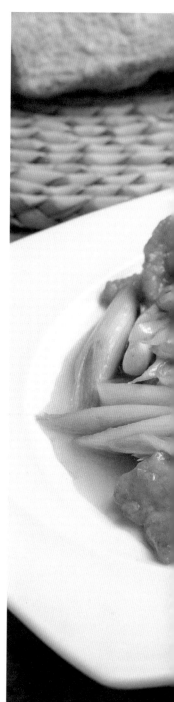

过油肉

山西美食栲栳栳

山西老陈醋与山西面食

除了山西菜中有浓墨重彩的醋酸香，山西众多面食更是离不开醋的相伴。

的确，山西人不是平白无故嗜醋的，面食推动了山西人对醋的偏爱。山西面食可分为蒸、煮、烹三大类，而有据可查的面食就有280多种，如刀削面、拉面、牛肉丸子面、剔尖、饸饹、拨鱼、炸酱面等，可谓名目繁多。

山西老陈醋正是山西面食不可或缺的调味品，将醋加在一碗热气腾腾的汤面中，其味道之鲜美无可比拟。

刀削面软中有硬，柔中有韧，浇卤，或做炒面，或凉拌，均有独特风味，如淋上山西老陈醋，则味道更加美妙。

用莜麦做成的栲栳栳也必须有醋的辅佐，否则栲栳栳也仅仅是一份平淡无奇的普通面食而已。

在山西，似乎只有加点老陈醋，那碗面食才会得到升华。

101

「摆不坏」的镇江香醋

镇江香醋是江苏省镇江市恒顺的特产，也是中国国家地理标志产品，镇江香醋同山西老陈醋一样，久负盛名，为人们所喜爱。

山西老陈醋之所以叫老陈醋，是因为制醋工艺中的"陈"。镇江香醋名为香醋，则是因为醋中特有的香味。特有的原料和独具特色的技术造就了镇江香醋的这份香。

镇江位于长江下游南岸，这里常年温润多雨、物产丰富，人们一饮一食偏向精致、甜美。与之相对，食物所需要的佐料也主要以凸显食物的甜鲜为主，所以生产于江南的镇江香醋口感也更是偏清爽鲜甜。

相较山西老陈醋，镇江香醋更像一位精致小巧的江南丽人，香而微甜，酸而不涩。

镇江香醋存放久了也不会变质，反而存放越久，味道越醇香，因此以"香醋摆不坏"的说法而著称。

镇江景观

糯米酿造的醋

百里挑一的原料

镇江香醋的主要材料为恒顺地区出产的糯米。

多雨的江南，最适合水稻的生长，这里是著名的鱼米之乡，这里生产的糯米更是香糯饱满。比起粳米，糯米支链淀粉含量更高，发酵时可以产生更多糖分，能赋予食醋清甜的口感。

糯米相对产量低，适合酿醋的上好糯米则更少。酿醋的糯米必须选用"粒大、浑圆、晶亮、润白，淀粉含量达72%"的优质糯米，这样才能保证香醋的品质。

同时，镇江香醋还采用独特的醋酸菌种，这种菌种产酸高、微生物菌群丰富，这也让镇江香醋在众多醋类中拥有了独特的香气与口感。

特有的 酿醋工艺

镇江香醋的酿造，同样有着独特的工艺。

镇江香醋酿造前，除了准备优质糯米、谷壳、醋曲，还需要选择合适的环境及器具。环境以阳光开阔场所为佳，器具以宜兴生产的陶罐为最好。

镇江香醋的发酵采取独特的固体分层发酵法，这种发酵法也是镇江香醋"酸而不涩，香而微甜，色浓味鲜，愈存愈醇"的关键所在。固体分层发酵法，即在酒液中加入麸皮、稻糠，拌成固态醋醅，在温度适宜时筛选出独特醋酸菌种，并每天翻动一次进行降温、透氧和醋化发酵，20 多天后醋醅成熟。

在整个发酵过程中，必须保证充足的氧气、丰富的养分、恰当的水分、适宜的温度，这四大要素缺一不可。

恒顺醋文化主题展览馆

蒸煮糯米

镇江香醋
酿造过程

具体而言，镇江香醋酿造分为酒精发酵、醋酸发酵、淋醋杀菌三个阶段。

第一阶段是酒精发酵。先将准备好的糯米进行浸泡，待其膨胀后上锅蒸煮。这一步使淀粉变为淀粉糊，以便微生物发酵利用。通过蒸煮，糯米发生膨胀，淀粉黏度增大。

接下来，要迅速用凉水冲淋原料。这样做的目的，一是可为原料降温，二是使糯米遇冷收缩，黏度降低，更利于与空气接触。这一步骤也被称为"淋饭"。

在"淋饭"步骤后，为原料中拌入以根霉菌和酵母菌为主要成分的小曲。随后装缸进行发酵。这一步主要将糯米中的淀粉转化为酒精，为下一步的醋化进行准备。

第二阶段就是醋酸发酵。整个醋酸发酵的时间为21天，这一道工序相当关键，是决定香醋产量、质量的关键工序。醋酸菌在20多天的生长繁殖过程中使原料产生系列生化反应，生成醋酸、氨基酸等酸、鲜、香的物质。

淋醋杀菌是制醋最后一道工序。用物理的方法，将醋醅内所含的醋酸溶解在水中，过滤后，将淋下的生醋在常压下煮沸灭菌、灌坛、密封，即可长期贮存不变质。

在发酵的醋酸

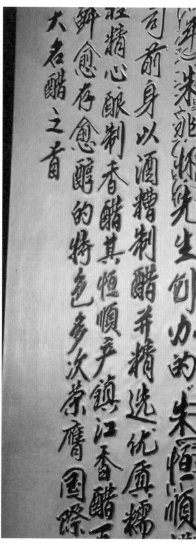

香醋摆不坏

恒顺人选用陶坛对香醋进行陈酿，将萃取好的醋封入陶坛里经历3个月到10年的晾晒。最终，镇江香醋带着神奇的香气，历经时岁，姗姗来迟。人们感叹其工艺烦琐，却不后悔为它耗费时光。

因存放的时间越久，口味越香醇，

恒顺醋文化展览馆展画

久而久之，"香醋摆不坏"之说便流传开来。

"香醋摆不坏，肴肉不当菜，面锅里面煮锅盖。"

这是镇江人耳熟能详的顺口溜。

111

糖醋蒜

江南风味
香醋小食

镇江香醋似江南佳人，精致娇小，却也温柔解语。

江浙饮食，也遵循此道。地域常年温润潮湿，人们整体生活富庶。细雨之中，人们对甜鲜的要求相较其他地区更高。镇江香醋，胜在香浓，贵在微甜，因此用于江南风味的食物中最为合适。

糖醋蒜是镇江一道有名的小吃。选用秋季收获的白皮蒜，用淡盐水浸泡，以消毒杀菌，然后捞出沥干，再以白糖和香醋腌制。糖醋蒜色泽美观、香甜爽脆、去油解腻，是一种可以直接食用的风味佐食。

西湖醋鱼。将鱼洗净后，加入葱、姜丝焖烧熟透，再用生抽、香醋、白糖等调味品加淀粉勾芡，淋在鱼肉上，一道酸甜鲜美的西湖醋鱼就可上桌了。

香醋作为蘸料，辅佐各种江南小吃，更是别具一番风味。吃小笼包时，蘸上一点香醋，醋的酸甜巧妙地中和了小笼包的油腻，味道更加清新。

113

保宁醋 川菜精灵

在四川省阆中地区，不但有巴国遗址、张飞庙等文化遗迹。这里还有着一种古老的醋——四大名醋中的保宁醋。

不同于其他醋，保宁醋不但酸香可口，还带有药材的香气和功效。

虽然同属粮谷醋，但保宁醋的原料不是一般的粮食谷类，而是麸与杂粮。酿造保宁醋使用的醋曲也不是普通的醋曲，而是中药制造的药曲。因为有中药的加持，保宁醋的保健效果更为突出。

从诞生起，保宁醋已有千年历史。在这千年间，保宁醋用于川菜中，产生了不少精品菜肴。带着药香的保宁醋在烹饪时可能不如其他调料的味道明显，但若没了保宁醋那一点画龙点睛的酸香，川菜那麻辣辛香的口味也会黯然失色。"离开保宁醋，川菜无客顾"，近百年来，保宁醋被人们誉为"川菜精灵"。

如今，保宁醋传统酿造工艺经中华人民共和国国务院批准列入第五批国家级非物质文化遗产名录。

阆中

阆中保宁醋博物馆

"一只鞋"

阆中，古称保宁，山水奇绝，气候宜酿，自古是制醋名地。

据记载，保宁醋创制于明末清初。保宁醋最初的商标是"一只鞋"。因为保宁醋的创始人是从山西来的一个叫索义廷的难民，他衣衫褴褛，一脚赤足，一脚穿着一只没有后跟的破鞋。

明末清初，战乱频繁，这个名叫索义廷的人从山西辗转到四川阆中。为谋生计，在阆中城内过街楼街（今北街）购买草房开设醋坊。

索义廷大胆创新，用白蔻、砂仁、杜仲、当归、薄荷、五味子等 32 味中草药（后又添 30 味）配制醋曲，酿出的醋，酸味适度，醇香适口，很受人欢迎。

因为索义廷刚来到阆中时极为落魄，脚上只穿着一只鞋，为此人们把这醋取名为"一只鞋"。

只是后来随着醋的名气越来越大，人们觉得"一只鞋"的名号上不了台面，便以阆中当时的地名"保宁府治"将醋命名为"保宁醋"。

117

水承载着醇香与回甜的味道

酿醋最为关键的是用水，当时索义廷为了酿好醋，四处寻访好水源，最后在蟠龙山麓的观音寺内，发现了水质甘甜的松华井。

松华井历史非常久远，早在唐代，这口井就已经开始出水了。松华井水质甘甜、晶莹清冽，煮沸后无一点沉渣，是酿醋造酒的上选。

后来，观音寺被道台衙门军丁所控，无法取水，只得另寻水源，选中了嘉陵江中龙王滩，此滩之水虽无法与古松华井之水相比，但又比其他水源更好一些。

有了水，还要有原料。除了麦麸外，还有本地产的小麦，沿着嘉陵江运来的汉中的黑米、糯米、玉米、高粱、荞麦等粮食，这些优质原料也是保宁醋更加醇香回甜的原因之一。

保宁醋酿造工艺比较特别的一点是，原料洗净后不需要蒸熟，直接采取生料进行酿造。配好原料后，酿造便可以开始了。

嘉陵江

保宁醋药曲

中药制曲是保宁醋酿造技艺的最大特色了。保宁醋是中国四大名醋中唯一的药醋，其酿造过程中首当其冲的步骤便是制曲。

索义廷当年以当地常见的葛根、白豆蔻、菊花、杜仲、当归、五味、薄荷等数十味中药配制药曲。

如今，人们对保宁醋的制曲在原材料上进行了一些改良，加入了山楂、杏仁、枸杞、金银花、菊花、罗汉果、薄荷等材料，增强了保宁醋的保健功能。

选好药曲材料后，配药、碾药、踩曲……通过这些步骤的操作，才能制成独特的药曲。制曲过程中，除了精选的药材，小心的碾压和扎实的踩踏也是极为重要的步骤，因为只有这样药曲才会得以充分发酵。药曲发酵过程中，要经过六次翻曲。完成发酵后，再经过干燥、粉碎，便可以用于酿造保宁醋了。

药曲原料葛根

121

保宁醋
制作方法

有了水、原料、药曲，就可以开始酿造保宁醋了。

保宁醋传统酿造工艺，脱胎于川东北地区民间的酿醋技艺。索义廷后来根据这些民间酿醋法进行了改良，使得保宁醋的酿造技术渐渐形成。

保宁醋酿造，以"制曲、发酵、淋醋、调配、熬制、过滤、陈酿"为核心工序，加上其他工序，总共 42 道工序，才能制作出大家所喜欢的保宁醋。

将药曲与酿醋原料混合，用松华井水进行滋润，再用器械将制醋原料粉碎，拌成生料，然后便是进行发酵。

发酵过程中需要翻醅，一般情况下，经过八次翻醅后，发酵便完成了。随后是淋醋阶段，将醋醅放入缸中，以松华井水或冬季嘉陵江中段水分段浸泡醋醅。随后分级取醋，得到的便是保宁醋生醋。

阆中石磨手工醋

装满保宁醋的陶罐

生醋变熟醋

保宁醋以生料发酵，要想食用，还需要进行熬煮，使之变成熟醋。熬煮后，酒曲中的药香、发酵中的浓香都被激发，醋的香味也变得更为饱满。将熟醋进行过滤，保宁醋便制成了。

从此，这些醋或入厨房，或入药房，在不同场所发挥着不同的作用，在人们使用过程中散发出醇厚的药香与酸香。

独有的酿造工艺，使得保宁醋在众多的醋中格外与众不同。那种入口绵长、回味酸甜和清爽润喉的感觉，只有在品尝之后才能体会到。

当然，保宁醋这独特的风味和品质背后是一群默默劳作的匠人的辛勤付出。

川菜中的那抹酸香

四川地区物产丰富，湿润的环境与丰饶的土地，使得这里农产品种类繁多。中国八大菜系之一的川菜也因川蜀地区丰富的物产而格外丰盛。

保宁醋是川菜八珍调料之一，四川有"离开保宁醋，川菜无客顾"的说法。川菜口味中有不少复合口味，这些口味的调制过程中，带着药香的保宁醋是必不可少的。

无论是酸甜可口的鱼香肉丝还是麻辣鲜香的火爆腰花，这些菜或多或少、或浓或淡，都需要保宁醋的参与。

保宁醋或作为基础味，或作为点缀味，为口味丰富的川菜增加了一抹又一抹亮色。

鱼香肉丝

四川小吃也离不开

保宁醋不但在川菜中大放异彩，一些四川的街头小吃也少不了保宁醋。

四川地区小吃品类同样非常丰富，独特的自然气候和地理环境，让四川人的生活张弛有度。人们在闲暇之余，会为自己做点美味的吃食，让身体和心灵得到最大程度的放松与休息。

比如四川街头巷尾常见的担担面，便是其中之一。传统的担担面往往在街头售卖，摊主挑着担子，一头担着煮面设备，另一头则是各种调味的调料，这些调料中不可缺少的便是保宁醋。

除了担担面，四川地区还有一种人人喜爱的食物——冷吃串串。串串一般串在竹签上，一串一串售卖。在串串制作过程中，不少人也必然要用一点保宁醋来调节味道。

火锅调料中的醋

提到四川美食，不能不提火锅。

四川火锅常常成为大家聚会就餐时的首选，俘获了全国各地人们的味蕾。

在四川吃火锅，很多人会在自己的油碟里边放上一些保宁醋，一是起到提鲜的作用，二是中和辣子的辛辣，丰富香气，让辣味辣而不呛。

四川火锅麻辣滚烫的特点刺激着人们的味蕾，却也会对胃肠道产生一定的影响。这个时候保宁醋去辛辣、养肠胃的功效便得以显现。

醋和麻辣鲜香的四川火锅，总是相得益彰。

总之，在民以食为天的中国，保宁醋所独有的色泽红棕、酸味柔和、醇香回甜、浓厚绵长等特点，确保了其稳居中国四大名醋的行列。

吃火锅的蘸料油碟

永春老醋又名乌醋、福建红曲醋，是以优质的糯米、红曲和芝麻为主要原料，采用传统液态发酵工艺，加以独特生产配方并陈酿多年而成，是福建最著名的醋。早在北宋时期，永春便有酿造老醋的传统。

永春县位于福建省闽西凹陷区和闽东南沿海区的交界处，这里是山间的一个小小盆地，群峰

永春老醋

福建永春风光

环抱，风景秀丽。因为身处盆地，永春县冬御寒流，夏防台风，光照度、温度和湿度都非常适宜，极其适合酿醋、藏醋。

永春县出产的糯米十分优质，山中泉水清冽，这都为制作老醋提供了很好的原料保障，加上独特的生产配方和传统的工艺使得酿成的永春老醋色泽棕黑、酸而不涩、酸中带甘、醇香爽口、回味生津。

过去，永春本地人常在家中备一坛老醋。平日里，自家酿造的红曲米酒若有剩余，也会添入醋缸。此后，代代相传，便有了今天的永春老醋。

133

宁宗御膳中的那壶永春老醋

永春老醋为何能成为中国四大名醋，这里有一段有趣的典故。

相传南宋时，永春湖阳人庄夏考取进士，后来官至太常博士，任直学士院兼太子侍读。

一次太子患腮腺病，于是庄夏用家乡人送来的老醋调药，给太子涂抹，没想到十分灵验，药到病除。

很快，这件事便传到皇帝宋宁宗那里，他亲自品尝完永春老醋后，非常喜爱。正好宋宁宗当时龙体欠安，常常腹胀气滞、食欲不振，御医想尽办法也未能奏效。他听了庄夏介绍后，吃了永春老醋，身体恢复了健康。

自那以后，宋宁宗的御膳中总少不了一壶永春老醋。永春老醋也由此扬名，成为传统名醋。

芝麻也是永春老醋配料之一

红曲米

永春老醋酿造流程

永春老醋酿造选用的原料是本地产的糯米，糯米要经过严格筛选。

随后便要准备酿老醋用的红曲米。红曲米为水稻和红曲霉菌发酵而来，颜色棕红或紫红，主要用来酿醋、酿酒。红曲酿造工艺是制作永春老醋最具代表性的传统工艺。

红曲米带有特殊香味，酿醋时不但可以催化糯米发酵，也可以增添老醋的颜色和味道。

在酿造过程中，先将糯米蒸熟，然后把红曲米与糯米饭混合在一起。在红曲霉生长代谢的过程中，会产生糖化酶。糖化酶催化糯米内的淀粉，将其分解为糖分。这时将糯米醋醅取出进行炒制，并添入一些白糖和红糖。这样可提高醋醅中的糖分含量，糖分再经过酵母发酵，便可得到糯米红酒。

将红酒倒入新缸，在酒中加入炒香的芝麻增香增味，这样的发酵和陈酿过程需持续三年以上，最后便得到了醇香浓郁的永春老醋。

137

以红酒换乌醋

　　除了独特的红曲酿造法，永春老醋的储藏方法也非常有趣。

　　旧时，每家每户都有醋缸，一边酿醋一边存醋。如果哪家的醋缸能够长久流传，说明这户人家家道长久，这也是令别人羡慕的。这家醋缸中的老醋也会被永春本地人视为吉祥如意的象征。

　　平日里，老醋随用随取。如果老醋的量下去了，便加入红酒来补充。有时，当地人若去存有好醋的人家借醋入药或品尝，也会带上一些红酒，以红酒换醋。

　　这种以红酒换乌醋的传统，也体现了永春邻里之间互助互爱的淳厚感情。

福建永春

永春醋茄

带着醋香的福建美食

永春老醋扎根于福建地区，它口味酸香清淡，糯米红酒的糟香更令其风味更迷人，让人无法忘怀。

永春醋茄是永春本地的一道名菜，以永春老醋作为调料，将它的味道浸入茄子，使茄子的味道变得更为酸爽柔和。

除了茄子，福建人烹制食物时更多是将永春老醋与肉类结合在一起。有名的永春醋猪脚便是其中之一。老醋与猪脚在小火中慢慢炖煮，最终难舍难分，味道也充分交织在一起。这道菜充斥着醋香与肉香，更是带着来自猪脚与醋的滋补与慰藉。

在福建地区，很多小吃都需要配上一点永春老醋，正是老醋的味道才能让小吃成为真正引发乡愁的记忆。

福建小吃中的海蛎煎就是其中之一，海蛎煎以贝类及地瓜粉制作，一口下去鲜香油润。在不同的摊位上，店家会制作独具特色的蘸料来搭配海蛎煎食用。这其中，不少店家都会在蘸料中加一点永春老醋，让海鲜少了份腥气，多了份鲜甜。

其他名醋

　　除了四大名醋，还有其他很多醋也都具有地方特色。

　　这些不同的醋，取材当地不同的粮食与水果，利用当地独特的气候条件，将人们对生活的爱凝聚其中，最终造就了不同风格和样式的醋与美食。

　　或酸爽浓郁或酸香醉人，每一种醋，都凝结着当地人民的心血。

　　它们都是我国人民酿造出的醋中精品。除了四大名醋之外，还有哪些独具风味的食用醋呢？

临汾大槐树寻根祭祖园的醋

临汾熏醋

山西除了老陈醋，还有一种著名的醋叫作临汾熏醋。

所谓临汾熏醋，即在酿造过程中经过熏醋醅、淋醋后得到的新醋。因为熏醋制作时要经历一道"熏醅"的工艺，因此这种醋被称为熏醋。

经过熏醅的醋带有一种独特的熏香，色泽深紫，口感柔和，适于制作多类菜肴。比起陈醋，熏醋的熏香口感更重，醋味也更为柔和。

临汾熏醋与灵丘熏鸡、吴家熏肉、晋中太谷熏鸽并列，成为山西地区有名的"四大熏"之一。

烟熏火燎中生活得以蒸蒸日上，也留下了这些独特的烟熏风味。

玫瑰浙醋

在浙江杭州，每年立夏，人们会酿造一种名为"玫瑰浙醋"的醋。

玫瑰浙醋与镇江香醋相比，原料由糯米换成了籼米，工艺也有一定差别。尤其在炎炎盛夏正是醋酸发酵阶段，要进行人工开耙，这是一项非常艰苦的体力劳动。经过 6 个月，到了立冬，玫瑰浙醋才可以正式出缸。

玫瑰浙醋，里面有玫瑰花吗？其实没有，原料只有大米一样。成品的玫瑰浙醋，透着玫瑰般红润的色泽，散发出玫瑰般浓郁的香气，所以叫玫瑰醋。

江浙人喜欢吃海鲜、河鲜，调味讲究清淡。玫瑰醋质地清澈，味道轻柔，是江浙人餐桌上鱼虾蟹的最好佐料。

江浙人爱醋，却更爱甜鲜，利用自然条件辛苦酿出的香醋，也只为衬托桌上食材的鲜甜。像极了浙江人平日里做事的绵柔细致——哪怕只是一件小事，也要面面俱到、尽力完成，这才能做到凡事不留遗憾。

小笼包蘸玫瑰醋

大红浙醋与花胶

大红浙醋

大红浙醋也是一种有特色的醋。一般情况下，人们食醋多是取醋的酸爽香味。但大红浙醋，醋味并不浓烈，却带有浓郁的清香味，作为海鲜佐料，既不会破坏海鲜原本的鲜香，又能恰到好处地起到调剂味道的效果。

据说大红浙醋的产地在浙江，可实际上广东人做得多也吃得多。大红浙醋最初是用来作为吃海鲜的蘸料。后来随着广东粤菜的发展，人红浙醋便与粤菜产生了密切的联系。比如粤菜中红艳油亮的烧腊，制作时便少不了大红浙醋。

此外，鱼翅捞饭、花胶捞饭，也都可以用大红浙醋来调味和解腻。云吞和面食，也可以用大红浙醋增味、增鲜。

149

独流老醋

独流老醋产自天津静海县独流镇，是一种注册了"地理标志"商标的食醋。

独流老醋以高粱、黄米为原料，配合以小麦、大麦、豌豆制作的醋曲进行酿制。独流老醋制作中，整理醋醅的过程非常重要。人们利用翻、抖、搂、挑等方式处理醋醅，让发酵过程中的老醋醅与新醋醅充分配合。这样的制作流程，让独流老醋中的蛋白质含量较普通食醋更高，氨基酸组成比较平衡，因此独流老醋也得到了"保健醋"的美名。

此外，独流老醋还需要经过三年的陈酿，才算真正合格。经过时间的洗礼，独流老醋的韵味最终得以彰显。

独流老醋味道酸爽可口，浓郁却不苦涩。天津人喜欢吃的焖鱼和合炒，都能发现它的踪影。

湟源陈醋

　　湟源陈醋，又名黑醋，是青海省的一种特色名产，是一种琥珀色陈醋。

　　传说中，湟源陈醋的酿造源于清代。

　　雍正年间，清朝政府平定罗卜藏丹津叛乱，将大量移民带到了水草丰美的湟源。湟源是一个多民族聚居的地区，醋作为神奇的调味品在汉藏蒙等各民族间都受到了欢迎。人们利用湟源本地青稞，结合这里出产的多种中药材，酿造出了独特的湟源陈醋。

　　湟源陈醋在制作过程中需要暴晒数月之久，青海地区海拔较高，光照非常充足，由此也造就了独特的湟源陈醋。湟源陈醋的原料除了高原的特产青稞，酿造过程中又加入了草果、大香、豆蔻、枸杞、党参等中药，使得湟源陈醋的味道与众不同。另一个关键的因素是可以利用高原充沛的阳光进行长期晒醋。晒醋期间，醋缸内的醋得到了二次发酵，味道更为浓郁浑厚。

　　青海本地的美食——面片与拉条子，食用时更是少不了这勺浓郁的湟源陈醋。

153

贾氏贡醋

在河南省西部的陕州，有一种以柿子为材料酿造的果醋，人们称为柿子醋，产生于宋代，可谓历史悠久。

柿子醋是以柿子为原料，通过自然发酵、手工淋醋、窑洞窖藏酿造而成。

陕州所在的三门峡有"五山四岭一分川"之称，这里山地非常多，水质纯净，富含矿物质，非常适合微生物发酵。人们将山间常见的柿子采摘下来进行发酵，并窖藏于专门的醋窖中。

从红润饱满的果实，到发酵后变形的样子，再到如稀泥一样柿子原浆，最后变成酸香醇厚、颜色透亮的柿子醋，经过一年的时光，柿子变换着各种模样，最终以柿子醋的形式呈现在世人面前。

因为酿造这种醋最初的家庭姓贾，因此这种醋，也叫贾氏贡醋。

陕州地坑院

154

 中国美食之源——醋外之酸

丹东鸭绿江

丹东塔醋

丹东塔醋，这个丹东人厨房里的寻常一物，拌凉菜、腌海鲜、做鱼、炖肉、喝羊汤、吃拉面、蘸饺子……无一不会用到。丹东塔醋呈乳白色或浅黄色，色泽透明、醋香独特。

丹东塔醋采用丹东东港市境内生产的稻米及丹东境内生产的高粱为主要原料，酿造醋的水则取自丹东段鸭绿江上的水源地，以丹东本地柞木炭为填充物，以耐酸陶瓷发酵塔为发酵容器，经过微生物发酵酿制而成。醋的颜色澄明、干净，酸香纯粹，晶莹剔透。

丹东本地的粮食，鸭绿江的水，独特的耐酸陶瓷发酵塔……这些使得丹东塔醋拥有独一无二的味道。

所以，丹东人可以自豪地说，只有丹东的水土和气候才能做出丹东塔醋。

因为颜色澄净，丹东塔醋常用来制作一些颜色较淡的菜品，如东北的锅包肉、朝鲜冷面等。

在无色之间为菜品增添一缕酸香，便是丹东塔醋独特的调味效果。

其他文明中的醋——
爽利千万，醋各不同

爱醋，不是中国人的专利。

古往今来，不少国家的人们也在努力尝试，制作不同种类、不同风味的食醋。

埃及曾经出土过古代装醋的罐子。

公元前 5000 年的巴比诺利亚，人们用椰枣树液、果汁酿酒、制醋，《圣经》中也提及过有关椰枣制成的醋。可见，食醋对于不同民族有着不同的历史和偏好，却有着同样的酸香与向往。

一衣带水的日本依然食用着国内已不多见的柚子醋，而地中海各国，用油醋汁作为沙拉拌料，在今天依然给当地饮食带来健康与惊喜。欧洲国家的食醋主要原料大都为果蔬，主要用于腌制食品、沙司、复合调味汁、调味番茄酱、蛋黄酱等。

让我们鼻子闻得更远，来感受一下外国的醋味儿。

日本柚子醋

柚子醋是日本的万能调味酱。柚子醋据说是唐朝由中国传入日本的。

此柚非彼柚，日本的柚子是一种类似柑橘的水果，味道非常酸，不适合食用，因此常被用来制作酒、酱、醋等调料。

由于柚子醋是使用柑橘类果汁制成，和一般酿造制成的醋拥有极强酸度不同，它的酸度比较低，还有一股淡雅香气。柚子醋在日本运用很广，它常被加入酱油，制成特别的调味汁，可以用以做寿司、生鱼片的调料，也可以用来做火锅的蘸料。

摩德纳黑醋

意大利 摩德纳黑醋

地中海附近的意大利，与中国一样，是著名的美食圣地。这里有一种美味而昂贵的醋——摩德纳黑醋。

摩德纳黑醋的原料为酿酒用的葡萄，酿造过程也如酿造葡萄酒一样，使用橡木桶酿制。有些好的摩德纳黑醋甚至是窖藏十年以上制成的。

正因为如此，摩德纳黑醋有"黑色液体黄金"的美称，可谓黑色黄金，滴滴金贵。

摩德纳黑醋是意大利料理中的灵魂角色。黑醋最常见的吃法，是搭配橄榄油，用来蘸食面包。意大利人还会用黑醋拌沙拉，制成烤海鲜和肉扒的蘸食酱汁等。同时他们还会在吃草莓、梨子、苹果等水果和意式奶冻、巧克力等甜品时，洒几滴黑醋，以酸酸的味道烘托水果和甜品的甜香。

总之，黑醋就是这么神奇，滴上几滴，就能让食物的味道顿时变得丰厚。

西班牙雪利醋

西班牙人生产出了很好喝的雪利甜酒，也做出了有名的雪利醋。

雪利醋产自西班牙南部地区安达卢西亚，这里也是著名的雪利甜酒的故乡，同样生产出同雪利酒不分上下的雪利醋。

同摩德纳黑醋一样，西班牙雪利醋也是用葡萄酿制而成的。酿造雪利醋用的葡萄非常讲究，必须选用雪利当地的三种葡萄。正宗的雪利醋还必须在西班牙雪利金三角地区于橡木桶内陈放半年以上，酸度必须达到7%才算达标。

雪利醋具有核果与木质的香气，香气浓郁而丰富，酸中带甜，用来调味时，能让美食充满香气和口味上的层次感。地中海色拉的点睛之笔油醋汁就是由雪利醋调制而成的。

165

英国、德国麦芽醋

摩德纳黑醋、雪利醋都与葡萄酒酿造相关。而流行于英国、德国的麦芽醋，则与麦芽酒的酿造有关。在这里，人们用麦芽酿造威士忌或者啤酒，也用它酿造麦芽醋。

麦芽醋起源于酸败的啤酒，当人们发现这种酸败的酒可以为食物增添滋味后，便以此为基础，研究出了烹调用的麦芽醋。麦芽醋的制法与啤酒非常接近，因此麦芽醋也拥有类似于啤酒的麦芽香，一些麦芽醋甚至会有柠檬之类的水果香气。

麦芽醋是西方人常用的调味品，多用于腌制蔬菜、拌沙拉、蘸鱼和薯条等。

奥地利苹果醋

奥地利苹果醋，是将发酵得来的苹果酒继续发酵的产物，口味酸甜可口。

同其他果醋一样，奥地利苹果醋的发酵容器也与酒的发酵容器相同。苹果醋的发酵容器也是橡木桶，一般需要发酵五年以上。在这个过程内，苹果酒中的酒精转化为醋酸，同时增添了类黄酮、单宁酸、氨基酸等抗氧化剂。苹果醋相较苹果酒更为有营养，它也因此得到了人们的青睐。

一般发酵完成后，人们会在苹果醋中加入蜂蜜进行调味。苹果醋加蜂蜜后，酸中带甜，既消解了原醋的生醋味，还带有果汁的甜香。

除了当调料之外，苹果醋也可以当饮料直接饮用，给人带来清甜爽口的味觉体验。

169

椰枣

阿拉伯椰枣醋

在中东阿拉伯地区，抗旱的椰枣树是当地常见的植物。

椰枣果实含糖量高，因此常用来食用或制作调料。早期，椰枣醋便被记录在了《圣经》中。到了阿拉伯阿巴斯王朝时期，椰枣醋更是风靡了整个阿拉伯半岛。有一位名叫穆塔西姆的哈里发（哈里发是穆罕默德去世以后，伊斯兰阿拉伯政权元首的称谓），是当时有名的美食家，他写过一本以他的名字命名的食谱书籍，在里面记录过一道名为"醋炖羊肉"的菜，这道菜"菜肴散发出檀香、麝香和龙涎香的气息，如同蜂蜜般可口。品尝它，你仿佛漫步在果实累累的果园，抑或徜徉在繁花似锦的花园。"制作这道菜的关键材料之一便是产自巴格达的椰枣醋。

如今，这道醋炖羊肉依旧流行在人们的餐桌上，为阿拉伯半岛的人们带来美好的味觉体验。

榨取甘蔗汁

菲律宾甘蔗醋

世界上用甘蔗酿醋的国家可不少，从东南亚的菲律宾到南亚的印度，再到南美的巴西，这些赤道附近的国家盛产甘蔗，当地人便就地取材，都酿起了甘蔗醋。

菲律宾就有这样一种美味的甘蔗醋，由发酵的甘蔗糖浆制成。这种醋虽然由甘蔗汁制成，但它并没有残留的糖分，所以甜。

菲律宾甘蔗醋的酿造方法也非常简单。菲律宾人将甘蔗榨汁，随后将甘蔗汁放入醋罐任其发酵，很快便能得到酸溜溜的甘蔗醋了。也有人会在发酵前放一些酵母之类的真菌，这样制作出的甘蔗醋更为酸爽。

名声大噪的菲律宾"醋烹鸡"就是用甘蔗醋烹制鸡肉而成。

173

醋带来的
好胃口

　　不同的醋，有着不同的风味。这些风味有些脱胎于原料中各具特色的甘鲜醇，有些来自环境的风干日晒……不同的醋以自己不同的风味，制造了不同的美味佳肴。从南到北，醋联结起了中国人的味蕾。

　　饺子和醋，那是一场不离不弃的双向奔赴。

　　各种面条，来点酸口的调节味道，那才叫一个完美平衡。

　　鱼香肉丝、宫保鸡丁等名菜，没有醋的帮衬，哪里能成为这人间美味？

　　老醋猪脚、炸醋肉等荤菜，有醋的存在，才能让各种肥腻丢盔弃甲。

　　醋，是风味的制造者。

　　当醋来到人间后，在炉灶之间，究竟被赋予了多少风味与使命呢？

调料

最简单的食醋方法，是直接将醋作为调料添加到食物里。

醋最早的食用方法便是放在汤中调味，人们会在烹调好的食物中加醋，这主要是出于三点原因。

一是醋所具备的酸香极有特色。在有些食物中加一点酸酸的醋，味道一下就变得不一般。如福建肉羹汤中，人们总会在最后入口前加几滴醋，让醋激发出食物中复合的味道，使食物更加可口。人们还喜欢在烹调有腥味或者膻味的食物时加几滴醋，比如在煮鱼或是烧羊肉时加少量醋，有着去腥提香的效果。

二是爽利的酸香既可以弥补调味的不足，又可以中和过度的味道。比如菜品过咸或者过淡时，加一勺醋就可以得到适中的味道，醋就是具有这样的神奇功效。

三是人们对酸度的要求不同。醋作为调料可以最后加入，给予了人们选择的极大自由。

蘸料

除了直接作为调料，蘸料也是醋经常出现的场合。其实，直到唐宋时期，醋才成为了小碟中的蘸料。

饺子蘸醋在我国流传已久。在北方，没有醋，饺子都会显得寡味了不少。为饺子配上一点醋，既可以让醋的酸味中和饺子馅儿中的油腻，还能以醋开胃，使人们的胃口更好。

同饺子一样，包子、馄饨蘸醋也是常见的吃法。醋的爽利与复合，让有馅儿食物的味道层次更为丰富。

而在南方，食用河鲜、海鲜，适当蘸醋，便可以去除其中的腥味。在醋味的衬托下，河鲜、海鲜的味道更为甘甜鲜美。

此外，人们吃熟制肉食也爱蘸醋。蘸醋食用的肉类往往经过深加工，味道浓厚。熏肠、酱肉等都是蘸醋的不错选择。食用这些熟制肉食时，醋可以让熏、卤肉类的味道层次更分明，口感清爽不油腻。

凉拌菜

醋的酸爽感与凉菜相得益彰。不少人吃凉拌菜，图的便是凉拌菜的爽利口感。这一点，醋恰如其分。

醋中的乙酸有杀菌效果，在凉菜"大行其道"的夏日里，醋与蒜的结合最大规模上保障了食物的卫生。炎炎夏日，人们劳作后的辛劳，也被一片酸爽与清凉缓缓消解。

不仅如此，醋还有抗氧化的作用，用醋拌菜之后，不但能最大程度保持蔬菜中的营养物质，还能维护蔬菜的形态，让蔬菜以最佳状态呈上餐桌。

醋也有着去腥增香的作用，因此不少海鲜凉拌菜也喜欢放醋。我国山东半岛名菜老醋海蜇皮的做法就是用醋拌白海蜇皮，醋的酸爽和清香从海蜇皮渗透出来，触及唇齿，立刻充盈整个口腔，咬一口老醋海蜇皮，扫光一夏天的疲乏。

老醋海蜇头

181

糖醋味

在我国饮食中，糖醋口味被不少人所喜欢。糖醋，顾名思义，主要由糖、醋挑起重任，以这两种调味品将食物置于浓厚的酸甜之中。糖醋里脊、糖醋排骨、咕噜肉、糖醋鱼等名菜都属于糖醋口味的菜肴。

糖醋汁起源于物质不丰富的古代，在那时，蔗糖不像如今这般寻常可见。人们带着虔诚的心将糖分加入饭菜中，首先想到的便是以醋配糖调味，从而让甜味更具韵味。

制作这些菜品，最关键的是调糖醋汁。

糖醋汁，各家都有不同的调法。糖醋汁的关键，第一在于把控好糖与醋的比例，以及酱、酒水的比例。第二在于烧好糖醋汁后锅中剩余的汤汁较少。

油炸后的肉类食物带有炸食的酥脆，浇上糖醋汁时不能破坏食物的酥性，还要将糖醋滋味混杂在食物之间。只要将这两步做好，糖醋菜便能轻松掌握了。

糖醋味酸甜可口，多见于淮扬菜系。蔗糖和醋饱和的酸甜中，包含着鱼米之乡独特的气韵和风度。如今，糖醋味在各大菜系中皆有展现，甚至漂洋过海，成为大洋彼岸人们热爱的味道。

醋熘豆芽

醋熘味

醋熘是醋的主场，不同于糖醋口味菜肴多为肉类，醋熘菜则多以蔬菜为主要原料。醋熘白菜、醋熘土豆丝、醋熘豆芽……这些蔬菜在热醋的加持下，多了份酸香，或爽利或浓郁，是我们餐桌上简单易做却滋味不凡的家常小菜。

在醋熘菜中，醋熘白菜最为常见。白菜本身无味，通过葱姜蒜爆香增味，再到醋汤中浸润。原本平平无奇的白菜在醋的滋润下，也有了自己独特的滋味。酸香味包裹着菜叶，与绵柔的白菜混合在一起，味道家常易得，却也显得弥足珍贵。

同样流行的醋熘菜还有醋熘土豆丝。在醋的作用下，土豆变得干脆清爽。醋熘味广泛流行于我国大江南北，它容易制作，口味也极具亲和力。

185

酸辣味

　　酸辣，将五味中最具张力的两种味道联合起来，开胃又劲爽。

　　酸味一般来源于醋，辣味一般来自辣椒。酸辣口味往往也重油，通过对调料大开大合的使用，展现最大起大落的味道。

　　酸辣味是川菜的主要味型之一。川渝人民爱极了醋与辣椒的斗争演绎，也爱极了酸辣味中这份简单的爽朗热情。

　　酸辣口味的菜肴里最典型的代表是酸辣粉。酸辣粉是川渝地区非常著名的小吃，它的主料是平平无奇的红薯粉条，煮好粉条后，将辣椒、醋、花椒、蒜等调料用热油浇开，形成酸辣油润的粉汤，随后将红薯粉条置入汤内，浇上炸酥的黄豆，简简单单却味道独特的酸辣粉就这样带着洋溢的热情登场了。

酸汤水饺

酸汤味

酸汤味同醋熘类似，也是醋的主场。但酸汤味的菜肴以汤汤水水为主，比醋熘味的菜肴更为清淡酸爽。

酸汤味的烹饪分为两种：一种以醋汤为基础。先烹饪醋汤，再将食物放入醋汤内进行烹煮。这其中，陕西小吃酸汤水饺是典型代表。酸汤水饺将饺子下入醋汤内烹制，让饺子皮微微被醋汤浸染。这样吃饺子时不必蘸醋，酸爽味道也随着热汤一同流入心头。

另一种酸汤做法是在烹饪的过程中，将醋与其他材料一同加入，进行调味。这其中代表为酸汤肥牛。酸汤肥牛本是川菜中的经典菜式，以保宁醋突出牛肉的鲜嫩肥美。酸爽辛辣的金汤、清爽不腻的肥牛、饱吸了汤汁的金针菇和其他配菜，吃一次就让人过"嘴"不忘。

鱼香茄子煲

鱼香味

　　醋在烹饪中可以起到许多种作用，除了简单的叠加外，醋还可以用来调制一些复合的口味。

　　大名鼎鼎的鱼香味，便是复合口味的代表之一。鱼香味本是川菜中独特的味型，传说来源于四川人烹调鱼的调味方法。鱼香肉丝、鱼香茄子都是其典型代表菜肴。

　　鱼香味的菜，要求软炒烹制成菜，不过油，不换锅，最终成菜色泽红亮诱人。产自四川阆中的保宁醋便是鱼香菜系中画龙点睛的那笔，无论肉丝、茄子还是配菜的玉兰丝、木耳丝，在复合的甜辣鲜香中若无那丝隐隐约约的醋味，怕也最终难成如此经典的菜系。

宫保鸡丁，是典型的"糊辣荔枝味"。为什么说是"糊辣荔枝味"呢？因为宫保鸡丁是先酸后甜，又略带一丝糊辣味。这道菜的酸就来自于醋。

醋的主要作用为承上启下。宫保味的菜肴中调料众多，各种口味接二连三地到来，在这其中，醋起到了一个很好的承上启下的作用，如同文章中的转折点，将不同味道烘托得各有层次。

宫保味

　　除了宫保鸡丁外，宫保腰花也是川菜中的一绝。在这道菜中，醋还可以为腰花去腥增香，起到了更丰富的作用。宫保味传说起源于晚清名臣丁宝桢，因为他有太子少保（宫保）的虚衔，人称丁宫保，又曾在山东、四川两地都有任职，因此川菜和鲁菜里都有宫保味。只不过，无论齐鲁还是巴蜀，人们都爱这醋与其他调料调和出的口味，毕竟这酸酸甜甜滑嫩爽口的口感确实让人爱不释"口"。

宫保虾球

193

醋泡

醋媒介菜指以醋为媒介，将食物冷泡或热煮，以此获得醋的酸味的烹调方法。

这其中，冷泡菜的代表有山西菜中的老醋花生，热烹菜的代表有北京菜中的醋焖肉。

老醋花生诞生于山西。山西气候干旱，人们常常以重口调料代替蔬菜以摄入营养。以醋浸泡的花生，不但可以下饭下酒，还能在食用花生时补充醋中的维生素。老醋花生做法非常简单，将花生泡入醋中，放置一段时间后便可以食用了。有人认为，如果将花生多在杯中泡一段时间，花生吃起来不但更为酸香，还有降低血压血脂的神奇功效。醋泡黑豆、醋泡萝卜，都是类似的做法制成的。

热烹菜的代表有醋焖肉。将肉煎过后，加大量醋在锅中焖炖，直到肉浸润了醋的气息，充满酸香，便可取出装盘。醋焖肉中，醋味浸润了肉的每一寸肉丝，化解了肉腥与肉腻，吃到嘴里烂而不柴，爽而不腻，恰到好处。北京作为明清两朝的首都，看似简简单单的街道背后却是曾经王城的深厚底蕴。北京的食物也是如此，简简单单的醋与肉，却下足了功夫，充满了滋味。

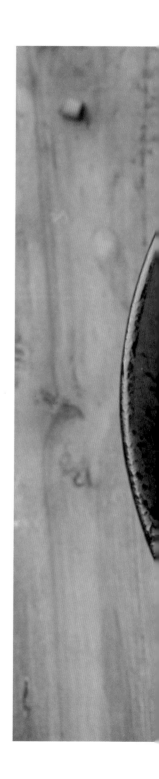

醋浸

醋浸润菜相比醋媒介菜，用醋的时间要更久，层次要更深。一般来讲，醋浸润菜系多以醋或加醋的调料来腌菜或者泡菜制成。

醋芹是一道历史悠久的醋浸润菜。它的主料为新鲜芹菜和醋，将芹菜洗净，浸润于醋中，直到芹菜完全被醋味浸染，便可取出食用。

糖醋蒜也是一道历史悠久的醋浸润菜，将蒜浸入糖与醋混合的液体中一个月以上的时间，便可以吃到酸甜可口的糖醋蒜了。

北京的腊八蒜也是类似做法，在腊月八日将蒜瓣浸泡入醋中，这样，过年时既有翠绿的腊八蒜吃，也有腊八醋蘸饺子了。

北方的早春时节树木仍然显得凋敝，景色尚且萧索，餐桌上的一抹绿色让人仿佛看到了不久的将来的春色与春光。

醋的发展史

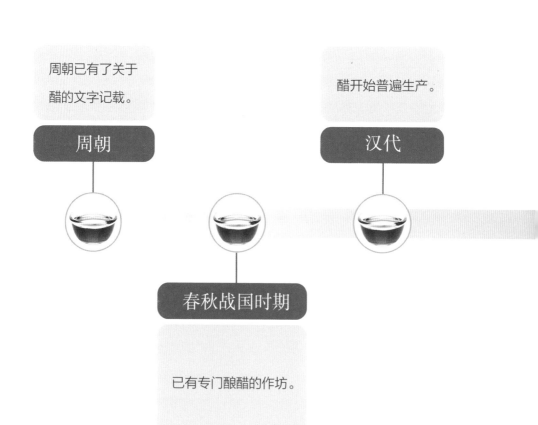

周朝已有了关于
醋的文字记载。

周朝

醋开始普遍生产。

汉代

春秋战国时期

已有专门酿醋的作坊。

南北朝时酿醋工艺更趋完美，中国现存最早、最完整的农书《齐民要术》共收载了22种制醋方法。

食醋酿造史上的鼎盛时期，醋的品种日益增多，风味各异。明李时珍《本草纲目》记载了数十种醋。

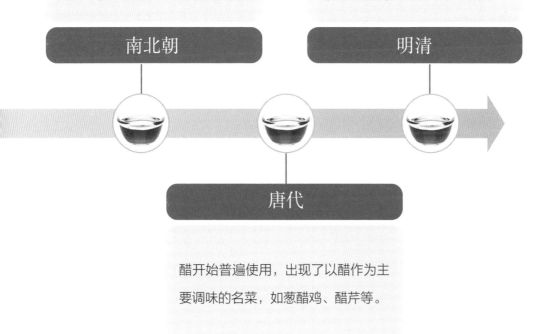

南北朝

明清

唐代

醋开始普遍使用，出现了以醋作为主要调味的名菜，如葱醋鸡、醋芹等。

图书在版编目（CIP）数据

中国美食之源 . 醋外之酸 / 周莉芬主编 . –– 北京 : 中国科学技术出版社 , 2023.7
ISBN 978-7-5236-0198-3

Ⅰ . ①中… Ⅱ . ①周… Ⅲ . ①食用醋—普及读物 Ⅳ . ① TS2-49

中国国家版本馆 CIP 数据核字 (2023) 第 077066 号